神秘海洋

黄春辉　郭红卫 / 主编

吉林科学技术出版社

图书在版编目（CIP）数据

神秘海洋 / 黄春辉，郭红卫主编. -- 长春 ：吉林
科学技术出版社，2022.6
　（儿童科学启蒙馆）
　ISBN 978-7-5578-9020-9

　Ⅰ. ①神… Ⅱ. ①黄… ②郭… Ⅲ. ①海洋—儿童读
物 Ⅳ. ①P7-49

中国版本图书馆CIP数据核字(2021)第237574号

儿童科学启蒙馆　神秘海洋
ERTONG KEXUE QIMENG GUAN　SHENMI HAIYANG

主　　编　黄春辉　郭红卫
出 版 人　宛　霞
责任编辑　李玉铃
助理编辑　李思言　张延明
封面设计　长春美印图文设计有限公司
制　　版　长春美印图文设计有限公司
幅面尺寸　240 mm×226 mm
开　　本　12
字　　数　38千字
印　　张　3
印　　数　1-8 000册
版　　次　2022年6月第1版
印　　次　2022年6月第1次印刷

出　　版　吉林科学技术出版社
发　　行　吉林科学技术出版社
地　　址　长春市福祉大路5788号出版大厦A座
邮　　编　130118
发行部电话/传真　0431-81629529　81629530　81629531
　　　　　　　　　　81629532　81629533　81629534
储运部电话　0431-86059116
编辑部电话　0431-81629380
印　　刷　吉广控股有限公司

书　　号　ISBN 978-7-5578-9020-9
定　　价　29.90元

专家荐语

　　大自然与人类世界有着千丝万缕的联系，在生活中一些与之相关的问题总是困扰孩子们。土豆从哪里来？小麦如何生长？酵母是什么？巧克力的制作过程是怎样的？大桥是怎样一步一步建起来的？锯木厂里的工人都在忙什么？也许孩子们从来不曾进过工厂，也没到过农田，那么这里新鲜、有趣的知识会令孩子们耳目一新。探究这方面的知识，增加了孩子们的阅读量和知识储备，更重要的是，孩子们通过主动寻找问题的答案，既锻炼了思维能力，又开发了潜能。本系列图书深度挖掘新鲜、有趣的知识点，避开枯燥的理论灌输，文字浅显，知识面广，画面精美，版式活泼，并且添加了一些动脑的环节，以激发小读者的阅读兴趣。

北京大学教授 / 长江学者

目　　录

扫码获取
◉ 宇宙大冒险
◉ 动物小百科
◉ 交通故事集
◉ 海洋生物馆
◉ 科学实验室

地球最早是一个被熔岩覆盖的大火球，到处都是喷发的火山和流动的熔岩。随着岩浆喷出的，还有大量气体和尘埃，这些气体和尘埃比较轻，渐渐上升，最后变成了原始的大气层。原始大气层的各种物质混合在一起发生剧烈反应，产生了水滴，大气层开始降雨。雨越下越大，最后通过千沟万壑，顺着地势汇聚成原始的海洋。经过地质的不断变化，逐渐演变成我们今天看到的地球。

冷却后产生的气体和尘埃变成了大气层。

大约 45 亿年前，地球还是被熔岩覆盖的大火球，炽热的岩浆不时喷发。

冷却后的气体形成水滴，于是开始降雨。

原始的海洋

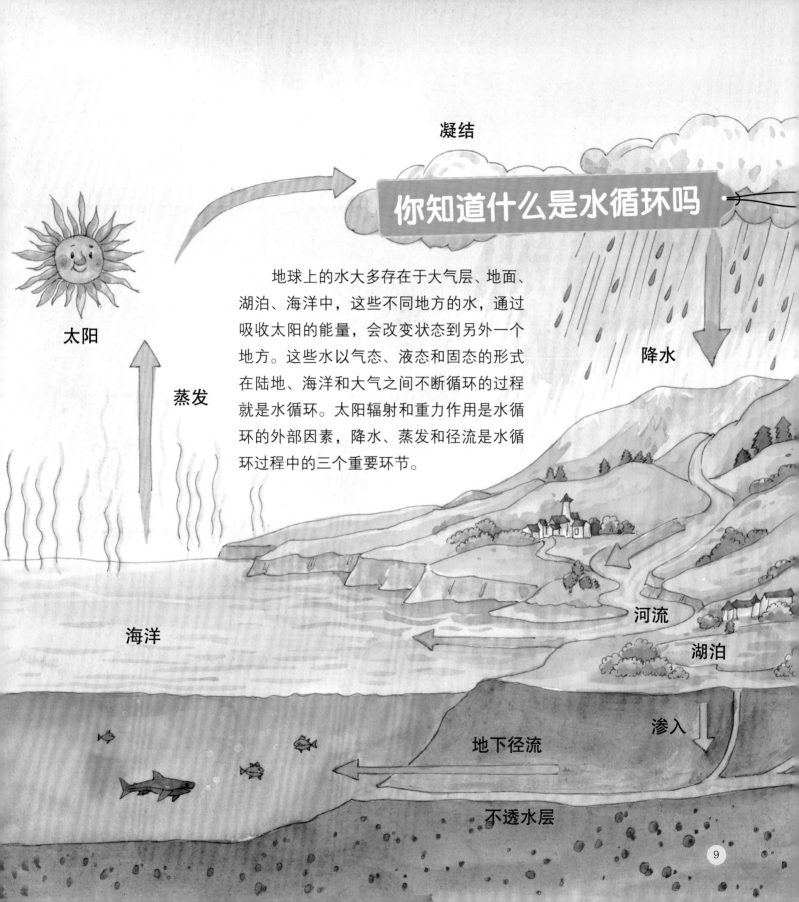

凝结

你知道什么是水循环吗

太阳

蒸发

降水

地球上的水大多存在于大气层、地面、湖泊、海洋中，这些不同地方的水，通过吸收太阳的能量，会改变状态到另外一个地方。这些水以气态、液态和固态的形式在陆地、海洋和大气之间不断循环的过程就是水循环。太阳辐射和重力作用是水循环的外部因素，降水、蒸发和径流是水循环过程中的三个重要环节。

海洋

河流

湖泊

渗入

地下径流

不透水层

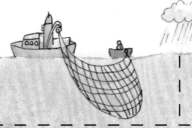

光照区——水面至水下200米，阳光能穿透海水，为动植物提供基本能量。

弱光区——水下200米至1000米，海水变得异常冰冷，海藻无法在这里生存。

深海区——水下1000米以下，寒冷、漆黑，终年不见阳光。

大陆架是环绕大陆的浅海地带，也是大陆向海洋的自然延伸。在冰川期时，由于海平面下降，大陆架露出海面，成为陆地，到了冰川消退时，被上升的海水淹没，成为浅海。

海水为什么是蓝色的

太阳光照射到海面时，一部分光被反射回来，另一部分光折射进入水中。进入水中的光线在传播过程中会被水吸收。太阳光有七种色光，当阳光照射在海上时，其他的光因为透射力大，波长较长，被海水吸收了，只有蓝光被反射出来，我们的眼睛只能看到蓝光，看到的大海也就是蓝色。

无光区——水下11000米以下。

海底孤立的山体，叫海山，起伏较小的叫海丘。

火山岛

如果我们从海面向海底潜行，在水下200米以内是光照区，这里生活着大量的海洋动物和植物。到了水下200米以下，光线基本消失，海水变得冰冷，有一些浮游动物在这里生活。水下1000米以下是深海区，太阳光无法照到这里，海底寒冷漆黑，生活着为数不多的动物。

海洋深处是怎样的

海底火山在喷发中不断向上生长，会露出海面形成火山岛。

海底山脉除大洋中脊外，还有火山海岭和断裂海岭。

深海底部覆盖着沉积物，也就是软泥。

岩浆

岩浆

11

抹香鲸头部巨大，是潜水最深、时间最长的哺乳动物。

斧头鱼形似斧头，尾巴细小，生活在水深150米以下。

海底沿着地壳裂口渐渐形成热液喷口。

蝰鱼身体细长，浑身上下都有"发光器"，是一种深海发光鱼类。

海参大多生活在珊瑚礁内，有些还会躲藏在万米深的海沟。

鳐鱼的身子扁平，尾巴细长，牙齿可以磨碎坚硬的东西。

在海洋的深水下面，是深不可测的海底。深海底部的广大面积都覆盖着沉积物，也就是软泥。深海地区常年黑暗，阳光难以透入，异常寒冷。生活在海底的海洋生物包括微生物、无脊椎动物和鱼类，它们都有特殊的身体构造，能够适应黑暗、低温、高压、高盐的深海环境。

乌贼又叫墨斗鱼，遇到强敌时会以"喷墨"的方式，快速逃走。

吞噬鳗生活在海底，体长能达约 1.8 米。

鮟鱇头部突出的地方很像"小灯笼"，而且会发光。

"小飞象"章鱼的鳍长得很像大象的耳朵，还长着一个长"鼻子"。

三脚架鱼用来支撑身体的鳍刺就像三脚架。

如果制造一只像大白鲨样子的潜水器，就可以近距离观察和接触鲨鱼，更加了解它们的生活习性。法国一名海洋纪录片制作人就有这样的奇思妙想。

想要探索人类未知的深海世界，需要一种必备的工具——潜水器。潜水器是一种潜水装置，方便科研人员勘探海底世界，可以成为潜水员活动的水下基地。载人潜水器由工作人员驾驶操作，能快速、精确地到达深海复杂的环境，进行科学考察工作。

载人潜水器有非常坚固的耐压壳，以蓄电池作为动力装置。

世界上能到达深海的载人潜水器为数不多，中国建造的潜水器"蛟龙"号，下潜3小时，可以到达海底7000米深处。

14

探索海洋的好帮手——潜水器

潜水器可以进行海底采样、水中观察、录像、照相等工作。根据工作需要，有些潜水器还装有供水下作业的机械手、水下电视和照明设备。

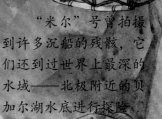

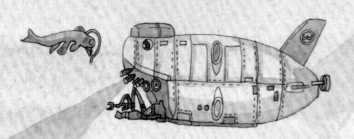

只能容纳一人的"深海挑战者"号，安装有多个摄像头，配有专业设备收集小型海底生物，提供给科研人员研究。

瑞士皮卡德父子制造的"的里雅斯特"号深潜器，潜到了世界海洋最深处——马里亚纳海沟。

"米尔"号曾拍摄到许多沉船的残骸，它们还到过世界上最深的水域——北极附近的贝加尔湖水底进行探险。

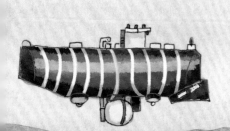

水母的外形就像一把"透明伞"，身体的主要成分是水。

海龟终身生活在海洋中，以鱼类和海藻为食。

狮子鱼生活在珊瑚礁内，主要吃小鱼。

喜欢吃珊瑚虫的马夫鱼。

身上有白色条纹的小丑鱼是一种热带海水鱼。

海葵看上去像朵花，其实是捕食性动物。

海马是一种小型海洋动物。它的头像马的头。

16

珊瑚礁是由造礁珊瑚的石灰质遗骸和藻类堆积形成的一种礁石。从远古时代就开始繁衍，直到现在，还在源源不断生长。珊瑚礁生物群落生活着丰富的海洋物种，为许多动植物提供了生活环境。比如，软体动物、蠕虫、海绵、甲壳动物等，它们都将珊瑚礁当作自己美丽的家园。

蝠鲼鱼被称为魔鬼鱼，体形有些怪异。

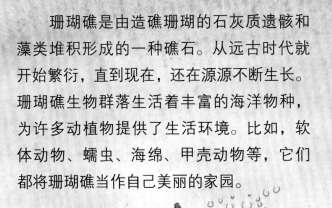

珊瑚礁周围的动物

身上长着美丽斑纹的皇帝鱼。

身体细长的烟管鱼。

钻嘴鱼晚上会躲在珊瑚礁洞里休息，白天出来觅食。

海鳗常栖息在有沙泥或岩礁的海底，以虾、蟹、鱼类等为食，性情凶猛。

管状海绵是一种多细胞动物，附着在礁石上，从流过的海水中获取食物。

有着凹凸盘形的盘状珊瑚。

章鱼是温带软体动物，会向外喷射"墨汁"。

17

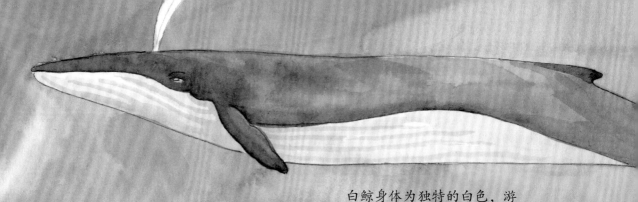

白鲸身体为独特的白色，游动时比较缓慢，潜水能力很强，较能适应北极的浮冰环境。

鲸外形看起来和鱼有些相似，却并不属于鱼类，而属于哺乳动物类。大多数鲸生活在海洋，只有少数几种生活在淡水中。鲸主要分为两大类，一类是齿鲸，另一类是须鲸，世界上最大的动物蓝鲸，就属于须鲸。

北瓶鼻鲸主要捕食枪乌贼，有时会发出不连续的哨声或是滴答声，可能与觅食有关。

多姿多彩的鲸

抹香鲸头部巨大，是体形最大的齿鲸，也是潜水最深、时间最长的哺乳动物。

北极露脊鲸体形肥大短粗，身体大部分呈黑色，头部有粗糙且带斑点的皮。

长须鲸是全球第二大的鲸，仅次于蓝鲸。长须鲸会用鲸须将鱼类过滤，然后吞下肚。

虎鲸是一种食肉鲸鱼，嘴巴细长，牙齿锋利，性情十分凶猛。

独角鲸头上的"角"其实是突出唇外的长牙，长牙有时也会用来当作武器，对付敌人。

座头鲸是海洋中的庞然大物，一次能吞入大量的鱼虾，游泳时速度较慢，有时会发出像"唱歌"一样的奇怪声音。

灰鲸体长 10～15 米，身上布满了浅色的斑块，这些斑块是一些体外寄生物。

蓝鲸是目前为止地球上最大的哺乳动物，一头成年蓝鲸的体重相当于非洲象体重的 30 倍。

世界上最大的海豹就是象鼻海豹。象鼻海豹在陆地上行动笨拙，进入海水中会变得非常灵活。

豹形海豹栖息在冰山或是浮冰上，巨大的牙齿能将小海豹、企鹅和其他鸟类撕碎。

帝企鹅在企鹅家族中个头最大，其外形特征是脖子底下有一片橙黄色羽毛，向下逐渐变淡，耳朵后面的羽毛颜色最深。极度寒冷时，帝企鹅会紧紧挤在一起防风御寒。

阿德利企鹅属于中小企鹅，能将腹部贴在冰面上滑行，是南极中最常见的企鹅。

扫码获取
◎ 宇宙大冒险
◎ 动物小百科
◎ 交通故事集
◎ 海洋生物馆
◎ 科学实验室

北极熊又叫白熊，毛发通常为白色，是目前世界上最大的陆地食肉动物。

毛磷鱼身上有一股新鲜黄瓜般的气味，能在异常寒冷的地带生存。

海象即海中的大象，身体庞大，靠长长的獠牙刺入冰中匍匐前行。

环斑海豹体形较小，擅长潜水，主要以鳕科鱼、磷虾为食。

在极区极端寒冷的地带，海洋表面会结冰，这就是海冰。海洋结冰预示着极地寒冷的季节已经到来，生活在这里的动物，如何度过这个寒冷的冬天呢？

海岸边是信天翁的栖息地，它们最善于滑翔，能在空中停留几小时而无须拍动它极其长而窄的翅膀。

红嘴鸥的体形和毛色与鸽子的很像，因红色嘴巴而得名，经常在鱼类多的水域上空飞行。

鸬鹚能在崖石上久立不动，善于潜水，通过潜水捕食小鱼。

北方鲣鸟善于潜水捕鱼，飞行能力很强。

海鸠善于潜水捕鱼，喜欢将鸟蛋产在悬崖边。

22

银欧飞起来轻快敏捷，
会在悬崖上产蛋。

海岸的石崖是鸟类的天堂

大凤头燕鸥栖息于海岸
和沙滩，常成群在海面上空
飞翔，十分擅长俯冲潜水，
主要以鱼类为食。

角海鹦生存本领极
强，它们喜欢群居，把巢
穴建在海岛峭壁的石缝沟
里，主要以鱼类为食。

卷羽鹈鹕常在水面做长距离
滑行，觅食时张嘴以囊袋捞入大
量水，滤去水后吞食其中的鱼。

在一些海岸，由于海浪的不断侵蚀和
冲刷，再加上地球内力作用产生的断层，
岩石发生了断裂，陡峭的山崖便出现了。
有些断崖结构松散，很容易破碎，经过
千百年风化和侵蚀，崖壁渐渐形成石阶、
石台、石窟等，成千上万只鸟儿在这里安
家。鸟儿在这里生活、栖息、觅食、嬉戏、
抚育小鸟，这里是鸟类的天堂，也是海岸
边最亮丽的一道风景线。

潮间带动物的生活场所，位于陆地和海洋的交界处，潮间带滩涂上。这里要经受暴晒、霜冻、干燥和降雨等陆地极端气候，还要忍受一次次涨潮被水浸湿和退潮后的干燥，这种栖息环境条件的巨大反差，是任何其他陆地和海洋动物所没有的。

大杓鹬体形硕大，嘴很长，而且向下弯曲。主要吃软体动物和昆虫。它们经常在湖泊、芦苇沼泽、水塘或是水稻田边活动。

极端气候的潮间带

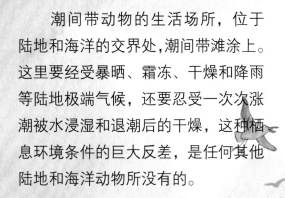

红脚鹬的嘴又直又尖，生活在湖泊、沿海地带，主要吃各种小型动物。

环颈鸻是一种迁徙鸟类，有很强的飞行能力，生活在河滩、岛屿、盐湖等湿地。

寄居蟹的外形介于虾和蟹之间，它们多数寄居在螺壳内，在沙滩和海边的岩石缝里很容易找到它们。

弹涂鱼也叫跳跳鱼，体长约80毫米，喜欢栖息于河口滩涂。它们可以依靠胸鳍基柄在沙滩或岩石上爬行。

鸟的种类不同，它们的嘴也大不一样。不同的嘴部构造，让它们可以吃到不同的食物。

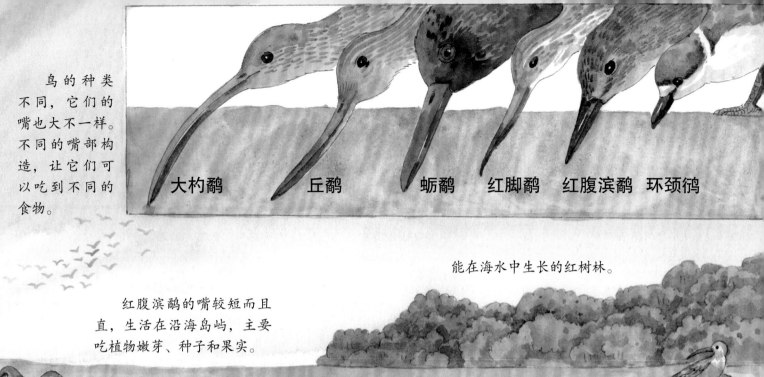

大杓鹬　　丘鹬　　蛎鹬　红脚鹬　红腹滨鹬　环颈鸻

能在海水中生长的红树林。

红腹滨鹬的嘴较短而且直，生活在沿海岛屿，主要吃植物嫩芽、种子和果实。

蛎鹬的嘴通常是红色或粉红色，跑得很快，飞翔能力也很强。

贻贝是一种双壳类软体动物，生活在海滨岩石上，它们会将自己用足丝固着在岩石上。

25

传说中的海怪

利兹鱼生活在侏罗纪中期，体长约9米，是一种巨大的硬骨鱼类，也是地球上最大的鱼。巨大的嘴就像"吸尘器"，一次能吸食数千条小鱼。

邓氏鱼是泥盆纪时期一种盾皮鱼，体长可达6米，是当时称霸于海底的顶级掠食者。

大王乌贼生活在太平洋和大西洋深海，体长约4米，触手长度约10米，是世界上最长的无脊椎动物。

北太平洋巨型章鱼体形很大，全身展开达5米之长。它们生活在北太平洋海岸水深达65米的地方，有着敏锐的触觉和嗅觉，主要捕食鱼、虾、蛤蜊等。

海怪是人们对古代巨型海洋生物的统称。自古以来，世界各国都流传着可怕的海中巨怪的传说，这些传说中，海怪往往体形巨大，怪异狰狞，十分恐怖。随着动物学家的不断研究和发现，这些"海怪"也露出了真面目，荒诞的海怪传说渐渐消失。

滑齿龙是生活在侏罗纪晚期的海洋爬行动物，体长5～7米。它特殊的鼻子构造让它在水里也能闻到气味。

海霸龙生存于9500万年前的北美洲，体长约12米，颈部长度约为6米，相当于身长的一半。胃部有小的石块，这些石块随着胃部动作而移动，可以磨碎食物，帮助消化。

皇带鱼又称"海龙王"，生活在太平洋和大西洋的温暖海域深处，体长可达8米，是目前世界上最长的硬骨鱼。

板足鲎生活在奥陶纪时期，是一种海蝎子，个体间身长相差悬殊，从15厘米到2.5米不等，独特的"划桨形状"的腿部帮助它游泳和挖掘，是已经灭绝的海洋掠食者。

肖尼鱼龙生活在三叠纪晚期，是一种巨型鱼龙，体长约15米。肖尼鱼龙最特别的地方是四个鳍非常大，肚皮也异常肥大。

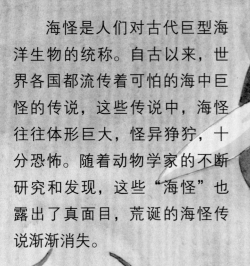

27

什么是海水的潮汐现象

扫码获取
◎ 宇宙大冒险
◎ 动物小百科
◎ 交通故事集
◎ 海洋生物馆
◎ 科学实验室

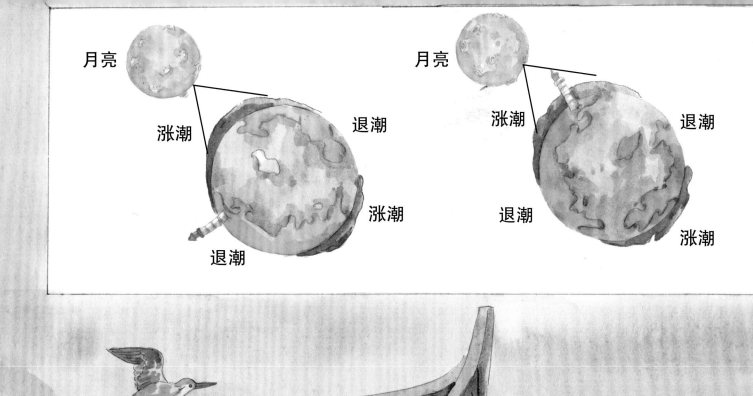

月亮

涨潮

退潮

涨潮

退潮

月亮

涨潮

退潮

退潮

涨潮

涨潮是一种自然现象，涨潮时，海水波涛滚滚；退潮时，海水无影无踪，只露出一片海滩。为了表示涨潮的时刻，古人把发生在白天的高潮叫潮，发生在夜晚的高潮叫汐，合起来就叫潮汐。潮汐就是海水在月球和太阳的引力作用下所产生的周期性运动。潮汐现象对人们的生活、交通运输等有很大的影响。

海上钻井平台，是海上油气勘探最重要的设施。钻井平台既可以放置钻井设备，也可以为工作人员提供生活场所。

大型集装箱货轮，运量大，装卸效率高，利用大型集装箱货轮，能减少货物的损失和损耗，保证运输质量，减少运输费用。

用绝缘材料包裹的海底电缆，敷设在海底，主要用于长距离电信传输。

大型渔网拖船代替了人力拉网，省时省力。

海洋约占地球表面积的 71%，辽阔的海洋蕴藏着天然气、石油等多种矿产资源，以及丰富的海洋渔业资源，是人类赖以生存和发展的资源宝库。越来越多的国家开始重视海洋资源开发，包括深海油气资源、海底矿产资源、深海生物基因资源等。

海洋是人类的资源宝库

洋流发电指利用洋流进行发电的技术。海水流动形成强大的洋流推动涡轮机发电，为人类输送绿色能源。

晒盐场晒盐时，通过圈围海水，在太阳下暴晒，使水分蒸发掉，逐渐结晶变成固态的盐。

海洋为人类提供绿色能源，也是人类生命的起源地。海洋是水上运输的重要通道，为人类生活带来很多好处。如今，越来越多的海洋开发，对海洋造成了污染，改变了海洋原来的状态。海洋污染，损害生物资源，危害人类健康，对海洋环境造成严重的破坏。

石油泄漏后，石油中所含的苯和甲苯等有毒化合物漏入海洋，这些有毒化合物迅速被藻类和其他哺乳动物吸收，造成大批海洋动物死亡。海鸟被困在油污中，无法飞翔，沉入了海底。

清污船能清理海洋中的污染物。

拦污网将泄漏的油污拦截在一定范围内，防止向四周蔓延。

很多国家会制定海洋保护法，制定保护濒危动物的条例，禁止非法打捞、出售濒危海洋动物。但是，有些不法商人被利益驱使，仍然非法捕捞濒危动物。没有买卖就没有杀害，只有严厉打击违法分子，停止交易，才能保护海洋生命不受侵害。

被丢弃的鱼线、渔网、鱼栅这些渔具，会缠绕并困住海洋动物，造成海洋动物无法浮上水面呼吸，最后窒息而死。有些海洋动物误食鱼线、鱼饵，这些渔具残留在体内，对生命带来危害。

保护海洋，从我做起

保护海洋，爱护海洋环境，从我做起。如果去海边度假，请不要在海滩上乱扔垃圾；离开海边时，请将垃圾带走。

看动画，做实验，动脑筋，科普知识可以这样玩着学！

||||| 扫描本书二维码，获取正版专属资源 |||||

智能阅读向导为您严选以下专属服务

宇宙大冒险
太空旅行即将开启，
你准备好了吗？

动物小百科
你想知道动物们
都有哪些小秘密吗？

交通故事集
你认识这些常用
的交通工具吗？

海洋生物馆
你想去大海的
深处一探究竟吗？

科学实验室
你知道这些
实验背后的原理吗？

知识小测试 测一测，考查你的知识储备量

读书记录册 记一记，养成阅读记录好习惯

趣味冷知识 看一看，认识世界的奇妙多彩

扫码添加
智能阅读向导

操作步骤指南
①微信扫描左侧二维码，
选取所需资源。
②如需重复使用，可再
次扫码或将其添加到微
信"🎁收藏"。